Ali Haider Syed

Método melhorado de deteção e reconhecimento de matrículas

AF297318

Ali Haider Syed

Método melhorado de deteção e reconhecimento de matrículas

ScienciaScripts

Imprint

Any brand names and product names mentioned in this book are subject to trademark, brand or patent protection and are trademarks or registered trademarks of their respective holders. The use of brand names, product names, common names, trade names, product descriptions etc. even without a particular marking in this work is in no way to be construed to mean that such names may be regarded as unrestricted in respect of trademark and brand protection legislation and could thus be used by anyone.

Cover image: www.ingimage.com

This book is a translation from the original published under ISBN 978-620-2-05405-8.

Publisher:
Sciencia Scripts
is a trademark of
Dodo Books Indian Ocean Ltd. and OmniScriptum S.R.L publishing group

120 High Road, East Finchley, London, N2 9ED, United Kingdom
Str. Armeneasca 28/1, office 1, Chisinau MD-2012, Republic of Moldova, Europe
Printed at: see last page
ISBN: 978-620-7-77271-1

Copyright © Ali Haider Syed
Copyright © 2024 Dodo Books Indian Ocean Ltd. and OmniScriptum S.R.L publishing group

Conteúdo

RECONHECIMENTO

Em primeiro lugar, curvo-me perante o Todo-Poderoso ALLAH, que me permitiu realizar esta tarefa e me concedeu o mérito, a bênção e a ajuda ao longo das etapas desta tese. Gostaria de reconhecer o apoio dos meus familiares, especialmente dos meus pais, pois não teria sido possível sem as orações e o apoio dos meus queridos pais. Gostaria de expressar o meu respeito, respeito e agradecimento ao meu supervisor de projeto, o Dr. Khurram Khurshid, que me deu a sua cooperação, orientação e apoio valioso durante todas as fases do projeto. Gostaria de agradecer a cooperação sincera e o apoio moral de todos os meus respeitáveis professores e amigos na Universidade.

RESUMO

O objetivo principal deste artigo é apresentar um sistema que seja mais útil e rentável para reconhecer e ver a matrícula do veículo nas circunstâncias do Paquistão. Há sempre um par de objectivos no trabalho do sistema de Reconhecimento Automático de Matrículas (ANPR). Os problemas são a falta de iluminação, a alta velocidade do veículo e o desenvolvimento do estabelecimento. Neste artigo, propomos um método em que o planeamento de segmentos inconfundíveis está associado à obtenção de resultados satisfatórios nas condições paquistanesas em que as matrículas, quando em dúvida, não seguem um caso padrão. O sistema criado é testado num conjunto de dados que contém matrículas de tamanho e estilo específicos com escrita latina. Os resultados fundamentais mostram que o nosso sistema pode reconhecer e ver de longe a maioria das matrículas e pode ser tentado mais tarde para ver a probabilidade de o executar em condições honestas.

Palavras chave:

Correspondência de características, componentes ligados, processamento de bordos

<h1 style="text-align:center">CAPÍTULO 1</h1>

INTRODUÇÃO

1.1 ANTECEDENTES

O Reconhecimento Automático de Matrículas é inquestionavelmente uma das inovações avançadas que permitem a rápida recuperação, coordenação, prova de distinção, seguimento contínuo de veículos e indivíduos através de uma região aberta. Trata-se de uma capacidade de observação que utiliza sensores portáteis e instalados na rua para examinar as matrículas dos veículos e cruzá-las momentaneamente com os dados e as informações armazenadas no Computador Nacional da Polícia e nas estruturas ligadas. A razão da sua existência é reconhecer veículos roubados utilizados como parte de um ato ilícito ou que estejam a desrespeitar qualquer outra lei. O ANPR analisa a matrícula a partir de uma imagem computorizada captada pela câmara ANPR. A imagem da matrícula é transformada em conteúdo utilizando a inovação do reconhecimento ótico de caracteres (OCR). Assim que a matrícula é transformada em conteúdo, a estrutura ANPR armazena-a numa base de dados. É criado um registo eletrónico da evolução do veículo com data, hora e área. Embora a estrutura se destine apenas a examinar a matrícula, o produto permite procurar a matrícula num conjunto de bases de dados, fornecendo críticas ao administrador em segundos, se necessário.

Esses ANPR podem ser um método de transformação de imagem para extrair a imagem da placa de licença do veículo feito Eventualmente perusing computerized Polaroid alternadamente feito por Possivelmente uma cor ou uma câmera avançada em escala de cinza, e adicionalmente uma Polaroid infravermelha de modo a reconhecer os veículos utilizando sua placa de número através de reconhecimento ótico de caracteres (OCR) (Badr et al. , 2011). A estrutura ANPR distingue os caracteres da matrícula através da combinação de diferentes sistemas e algoritmos, em particular o pré-processamento de imagens, a deteção de objectos e o reconhecimento de caracteres. O quadro ANPR é composto por uma Polaroid que reconhece o artigo da matrícula. Além disso, a unidade de preparação deve proceder à separação dos caracteres. Além disso, deve decifrar os pixéis sob caracteres numericamente discerníveis (Lakshmi et al., 2011). Além disso, tornou-se consideravelmente energético na década mais recente, juntamente com a mudança de reivindicar a organização de engenharia Polaroid computadorizada e a preparação computacional (Qadri & Asif, 2009). Hoje em dia, a estrutura ANPR tem sido utilizada no âmbito da aplicação da teoria do movimento, incluindo a acusação de velocidade, a identificação de automóveis roubados e o acompanhamento de marginais. Além disso, pode estar ligado à gestão do fabrico, por exemplo, como a paragem de peças, além do controlo de outros locais (Hamey & Priest, 2005). Numerosos analistas recomendaram o que é mais distribuído Diferentes técnicas e cálculos para ANPR. A estrutura ANPR normalmente implantou um destaque entre dois métodos fundamentais: um terminou todo o procedimento em andamento na área da pista e o outro transmite todas as últimas fotos começando com várias maneiras para uma área de PC remota, em seguida, executa a metodologia OCR em uma parte posterior do ponto no tempo. Para essas metodologias em direção a esses locais de trilha, é necessário que a Polaroid de alto posicionamento capture a imagem da placa de quantidade. Na transmissão

4

Também transformando em direção ao servidor, ele precisa de uma organização confiável Também uma quantidade expansiva sobre Pcs deve lidar com carga de trabalho secundária, associação de capacidade de transferência de dados secundários Além de transformar a imagem da placa de quantidade. Persuadido em relação a esses pré-requisitos sobre câmera de alto posicionamento, sistema confiável O que é mais caro PCs, esse escritor propõe algoritmo de atualização para reconhecimento de placa de número programado (ANPR) com uma chance de ser atualizado na Polaroid de baixa determinação acessível também baixa energia de preparação para telefone celular. O algoritmo de atualização inclui a mudança de olhar para o pré-processamento da imagem, a consideração da marcação GPS. Além disso, o reconhecimento astuto de caracteres depende da correspondência de formatos e do sistema neural simulado (ANN) para aumentar a exatidão. Nesta investigação, os poucos imperativos que podem ser razoavelmente esperados no domínio da tentativa da natureza reconheceriam igualmente destacados no próximo segmento.

1.2 MOTIVAÇÃO

A gestão do movimento do tráfego será uma necessidade essencial para os países em desenvolvimento, pelo que a observação do movimento será um ponto de investigação insondavelmente dinâmico para o sonho do PC. Basicamente, o preenchimento da necessidade foi completado uma vez ANPR. Existe um número significativo de sistemas sobre a expressão expositiva e os cientistas ainda estariam a trabalhar para encontrar rotinas distintas. A minha inspiração está na configuração de um quadro de reconhecimento de movimento constante para o reconhecimento de matrículas.

1.3 DECLARAÇÃO DO PROBLEMA E SEU SIGNIFICADO

Existem certos elementos que podem ter um impacto negativo no efeito posterior da estrutura, ou seja, a colocação da placa de matrícula feita na moldura da imagem, o movimento automático, placas danificadas, condições climáticas, iluminação e assim por diante. Muitos sistemas podem ser usados para conseguir os seus impactos através da utilização da melhor iluminação possível ou para utilizar adequadamente os sistemas de transformação de imagem. Sem essas medidas, a estrutura pode chegar a ser uma questão incrivelmente incompreensível.

Figura 1-1 Mau estado de iluminação

Figura 1-2 Placa danificada

Figura 1-3 Ângulo de captação da imagem

Figura 1-4 O mesmo primeiro plano e o mesmo fundo

Figura 1-5 Chapa de matrícula não normalizada

1.4 OBJECTIVOS DA INVESTIGAÇÃO

O objetivo principal do presente documento é apresentar uma solução mais eficaz que permita reconhecer e distinguir os números de matrícula dos Estados paquistaneses. Esses objectivos serão comunicados juntamente com o número de objectivos:

1. Desenvolver um sistema utilizando as técnicas que estudei durante o meu curso.

2. Aplicar as técnicas de forma eficiente e capaz.

3. Avaliar o desempenho do sistema desenvolvido com sistemas já desenvolvidos.

1.5 METODOLOGIA DE INVESTIGAÇÃO

Com o objetivo de concretizar as ideias do trabalho de investigação, são orientadas as seguintes tarefas.

1. Esta é uma pesquisa iniciada com uma investigação escrita de diferentes cálculos ANPR. A revisão abrange a hipótese essencial do reconhecimento de matrículas e os cálculos actuais que foram efetivamente actualizados, incluindo a legitimidade e a má reputação do quadro atual executado.

2. Definir as limitações

3. Indicar alguns parâmetros e variáveis da investigação.

4. Conceber um ANPR analisando e comparando a capacidade dos sistemas existentes e propor um algoritmo que possa ser implementado em plataformas em tempo real.

1.6 ÂMBITO DA INVESTIGAÇÃO

O âmbito deste exame abrange a investigação dos cálculos ANPR. Foi efectuada a execução do cálculo ANPR proposto em MATLAB. A parte mais importante da hipótese é preparada da seguinte forma

C capítulo 2 apresenta uma pesquisa bibliográfica pormenorizada.

C O capítulo 3 descreve   a deteção da zona da chapa de matrícula e os seus princípios.

C capítulo 4 é abordada a parte de segmentação e reconhecimento de caracteres.

C O capítulo 5 conclui a tese com os resultados e os trabalhos de investigação futuros.

CAPÍTULO 2

PESQUISA BIBLIOGRÁFICA SOBRE ANPR

O primeiro modelo do quadro de reconhecimento de matrículas de veículos foi produzido pela divisão da polícia britânica em 1976. Atualmente, é um campo extremamente aberto para a investigação. A coleção de quadros é acessível na localização e reconhecimento da matrícula. Várias nações executaram o sistema compreendendo a sua criticidade. Tem várias aplicações rodoviárias, como focos de passagem, perceção de zonas militares, acumulação de carga, etc. A principal questão num país como o Paquistão é controlar a enorme medida de desenvolvimento, por isso, com um objetivo final específico de modernizar esta questão, é necessária uma estrutura inteligente e imaterial. Antes da transmissão da estrutura, o pré-processamento é ligado à imagem contínua da matrícula, um pouco das estruturas usam a metodologia de reconhecimento ótico de caracteres (OCR) para examinar a matrícula, a estimativa geral para a estrutura de reconhecimento de matrícula programada é dada na figura abaixo [1]

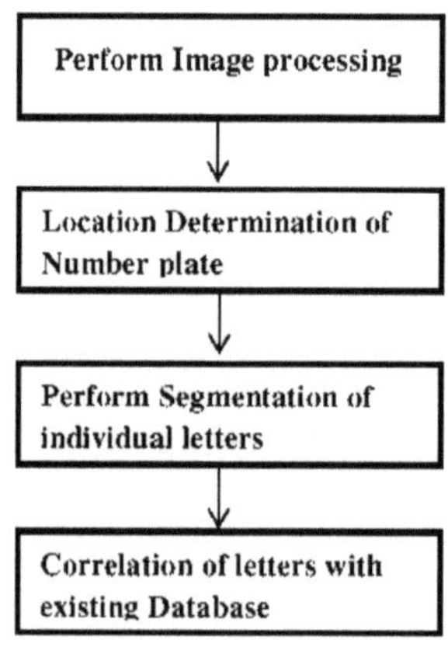

Figura 2-1 Algoritmo geral

O Reconhecimento Automático de Matrículas (ANPR) divide-se principalmente em duas secções. A primeira é a parte da descoberta e a segunda é a parte do reconhecimento. O principal problema surge na área da matrícula antes de aplicar a técnica OCR. Existem muitas estratégias para resolver este problema. Algumas das complexidades requerem um planeamento geral. Existe um compromisso entre a complexidade computacional específica e a exatidão do sistema. [2]

A estrutura ANPR foi concluída em vários países, como a Austrália, a América, o Reino Unido, etc., e a matrícula paquistanesa está sob o controlo de cada domínio e área. Existem oito tipos de matrículas utilizadas no Paquistão. Cada matrícula utiliza as letras latinas no seu conjunto. Na escrita, existem técnicas distintas para o sistema ANPR. O sistema ANPR em [3] apresentou um Sistema de Transporte Inteligente (ITS) que incorpora uma estratégia de investigação de partes associadas para a divisão da matrícula. [4] propõe a retificação de distorções, a descoberta de bordos pares e verticais e a estratégia de filtragem de linhas para a divisão. Este artigo introduz um cálculo melhorado da divisão de caracteres tendo em conta a projeção de pixels e as operações morfológicas. O plano actualizou eficazmente a estrutura em FPGA. Os resultados indicados foram adicionalmente óptimos e precisos. O diagrama de fluxo é apresentado na figura abaixo.

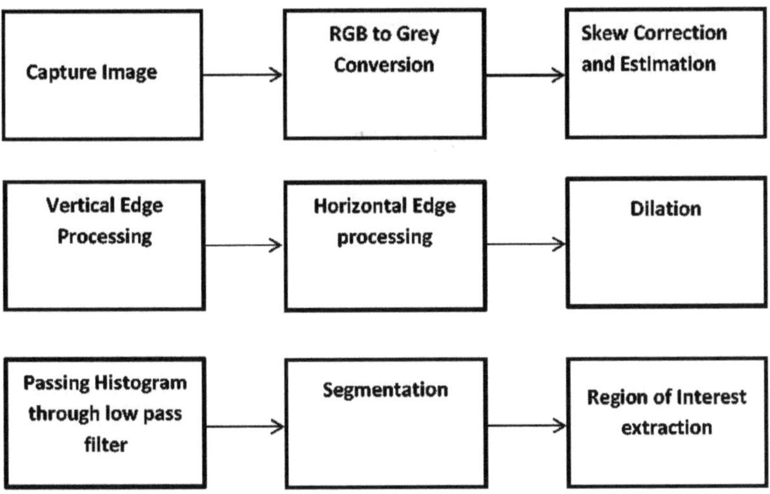

Figura 2-2 Diagrama de fluxo do algoritmo

[5] O artigo sugeriu uma técnica de reconhecimento utilizando SVM. Foi criado um SVM multiclasse para agrupar a área de esperança. Os resultados experimentais revelam uma taxa de precisão de reconhecimento mais elevada. [6] O artigo apresenta uma parte algorítmica e numérica da estrutura ANPR. A administração de histogramas e o procedimento de deteção de marcas são utilizados para a restrição de placas e a divisão de caracteres. Para ordenar os protestos e o reconhecimento foram utilizados sistemas neurais. A figura mostra o resultado da projeção vertical e horizontal e o histograma da matrícula recortada.

Figura 2-3 Procedimento para recortar verticalmente a chapa de matrícula

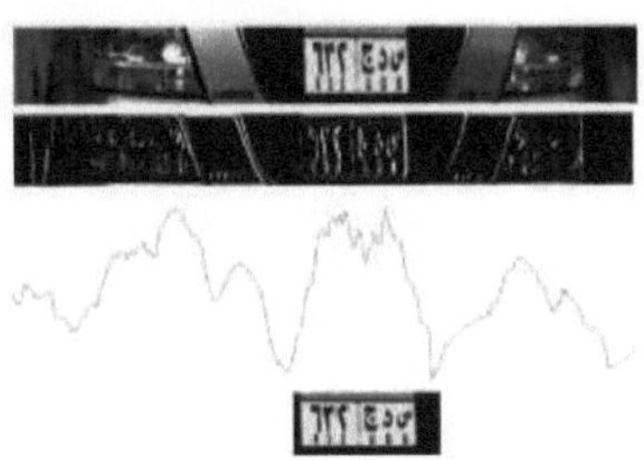

[1] Apresenta a estratégia recebida para o reconhecimento da matrícula. O trabalho escolhe a zona da placa de matrícula numa estrutura instalada continuamente. Para o efeito, foi utilizado o processador ARM A8 e a estrutura de trabalho foi o Linux. Os resultados mostram que a estratégia adoptada satisfaz os requisitos constantes da estrutura ANPR sobre o alvo implantado. [7] Propõe um filtro semanal de várias camadas, o primeiro filtro é utilizado para eliminar a sombra da base. A espessura insignificante da área de pixel da fundação acaba por ser visivelmente vigorosa pelo segundo canal. O terceiro canal impotente é utilizado para expulsar o distrito não etiquetado em espessura menor à luz da região territorial, forma e sombreamento da fundação. A taxa de erro proposta é baixa quando comparada com diferentes estratégias. As investigações foram efectuadas contra 830 matrículas de automóveis e, tal como indicado pelo autor, o cálculo é sensível a condições de brilho sólidas. A taxa de erro apresentada no artigo é de 7,74%.

[8] Examina a imagem e altera-a para diminuir a escala, a prova de reconhecimento das arestas planas e verticais é feita passando-a através do canal, a zona de contraste de sombreamento mais elevado é encontrada e pensa na área de plotagem, este é o método pelo qual a zona de intriga é encontrada. Para a divisão, a imagem é separada em carácter individual e a imagem é analisada por coeficiente de relação. O diagrama de fluxo para o reconhecimento dos caracteres é apresentado na figura.

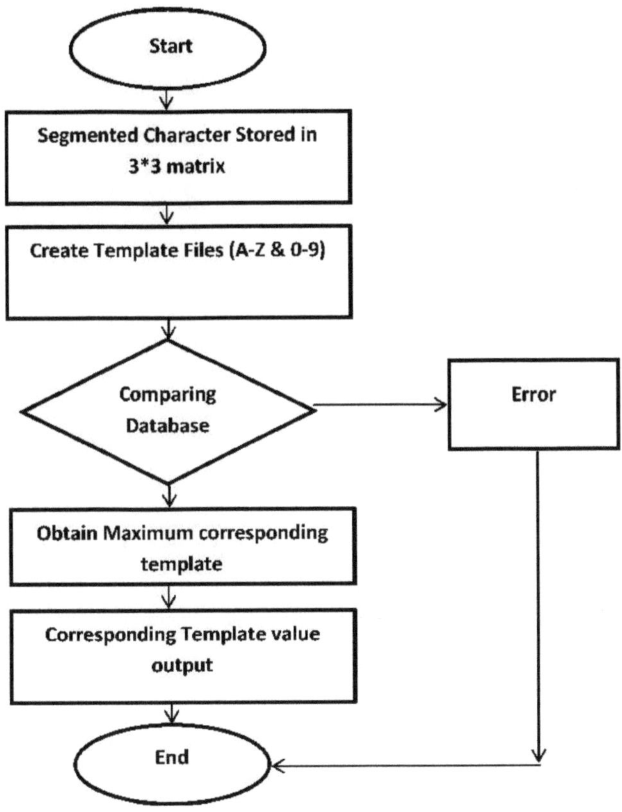

Figura 2-5 Fluxograma do reconhecimento de caracteres

No documento [9], a estrutura é composta por duas partes, uma é a câmara e a outra é a personalização que vê a matrícula e a armazena na base de dados [10]. Este documento utiliza a combinação de dois classificadores eficientes, nomeadamente o SVM e a correspondência de modelos. Segundo o criador, o sistema consolidado pode acelerar o procedimento e ser profundamente exato. [11] Este documento obtém imagens a partir de câmaras de ponta, descobre as arestas verticais através do cálculo de Sobel, filtragem através do cálculo do preenchimento de sementes, organização das arestas verticais. O planeamento da organização utilizando a abordagem de separação de Hamming é utilizado para a afirmação de carácter. A eficiência geral do sistema foi de 95% e o reconhecimento é efectuado apenas para sombras vermelhas, escuras, brancas e verdes, sendo a contenção da estrutura. [12] Para a extração da identificação da borda da placa é utilizado o cálculo do espalhamento, para o cálculo do espalhamento da divisão é utilizado algum cálculo morfológico e para o reconhecimento é utilizada a coordenação de formatos. A execução geral da estrutura é de 92,6%. A restrição é que o quadro é composto apenas para a matrícula turca. A figura abaixo mostra a área removida da matrícula através da utilização de operações morfológicas, cálculo de espalhamento e separação.

Figure 2-6 captured image

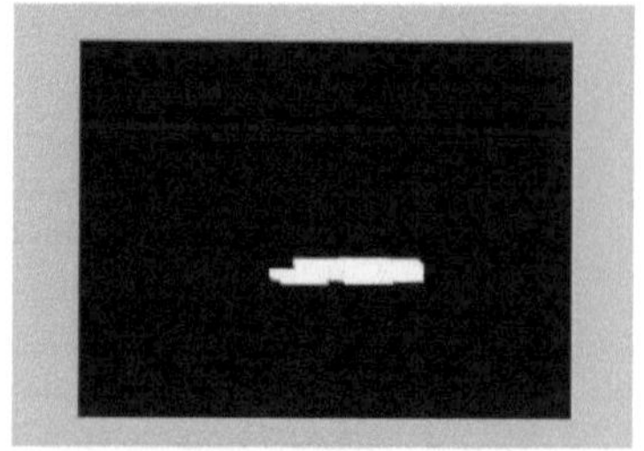

(b) Plate region

Figure 2-7 Image binarization

(b) Image involving only plate

[13] Neste trabalho, a atualização da imagem é concluída pela técnica de nivelamento do histograma, operações morfológicas como a deterioração e o aumento. O reconhecimento e a divisão dos caracteres são feitos pela técnica de execução de neurónios. O resultado é de 95% e funciona invulgarmente bem em condições contínuas. [14] Neste trabalho, o reconhecimento é feito através do destaque da teoria da notabilidade, ou seja, partes da matrícula. A limitação da etiqueta é efectuada através de alterações Hough. A execução geral do sistema é de 93,1%. A estrutura é obrigada a usar chapas de matrícula chinesas, figurativamente falando. [15] Este artigo concentra-se sobretudo no sistema de identificação de ansiedade e na filtragem do resultado através do canal intermédio, da cobertura, da suavização e, em seguida, da proteção das sombras. As restrições incluem o facto de o reconhecimento não ser óbvio em várias condições de iluminação. O resultado da estrutura não é especificado no documento. A figura abaixo mostra o fluxograma para o reconhecimento de matrículas. [16] Este documento apresenta cinco fases para reconhecer a matrícula, pré-processamento, extração da matrícula, divisão dos caracteres, afirmação dos caracteres e pós-planeamento, é utilizado o caso social da informação de sombreamento e forma e depois a limiarização do primeiro canal, o carácter é dividido num plano nivelado e verticalmente com algum avanço, utilizando a coordenação do formato de separação euclidiana.

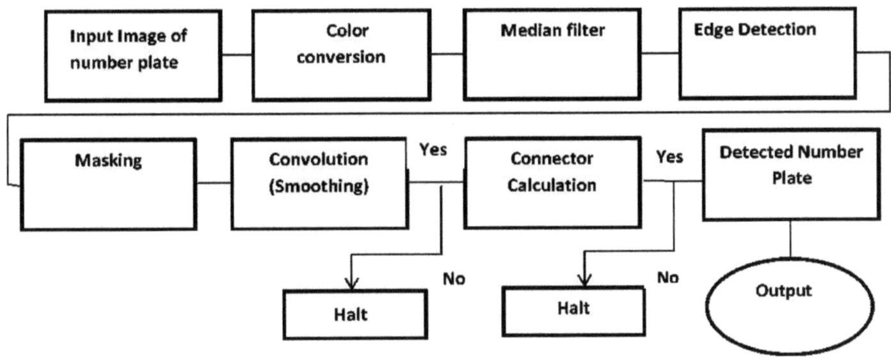

Figura 2-8 Conceito de deteção

Para aumentar a precisão do reconhecimento, são necessários critérios específicos que constituem o principal requisito. Por exemplo, a distância do veículo, o tamanho da matrícula, a velocidade e o ângulo da câmara. O ajuste da câmara e o seu posicionamento são importantes para ultrapassar os problemas do ângulo da câmara. Na literatura, há certas transformações que podem ser utilizadas como problema em tempo real. Os quadros seguintes mostram diferentes transformações e as respectivas matrizes para imagens e vídeos. A forma mais fácil de resolver as matrizes é considerar o conjunto de matrizes 3*3 que operam sobre um vetor Harmonize 2D semelhante. No caso dos vídeos, as matrizes operam sobre o vetor de coordenadas homogéneas 3D.

Quadro 1 Pirâmide de conversão de coordenadas 2D

Transformation	Matrix	#DOF	Preserves	Icon
Translation	$[I\,|\,t]_{2x3}$	2	orientation	
Rigid(Euclidean)	$[\mathcal{R}\,|\,t]_{2x3}$	3	length	
Similarity	$[s\mathcal{R}\,|\,t]_{2x3}$	4	angle	
Affin	$[A]_{2x3}$	6	parallelism	
Projective	$[\tilde{H}]_{2x3}$	8	straight lines	

Quadro 2 Pirâmide de conversão de coordenadas 3D

Transformation	Matrix	#DOF	Preserves	Icon
Translation	$[I\|t]_{3x4}$	3	orientation	
Rigid(Euclidean)	$[\mathcal{R}\|t]_{3x4}$	6	length	
Similarity	$[s\mathcal{R}\|t]_{3x4}$	7	angle	
Affin	$[A]_{3x4}$	12	parallelism	
Projective	$[\overline{H}]_{4x4}$	15	straight lines	

CAPÍTULO 3

DETECÇÃO DA ZONA DA MATRÍCULA

O passo subjacente ao reconhecimento da matrícula é o alcance da zona da matrícula. Por isso, temos de desenvolver uma figura que possa reconhecer a localização retangular da matrícula numa imagem extraordinária. Como mostrado por indivíduos placa de número é um pouco plástico ou placa de metal que está associado com automóvel ainda máquinas não compreendem placas de número, tendo em mente o objetivo final para perceber placas de número deve haver um cálculo que ajuda o cliente a reconhecer a placa de número. Para isso, tomar depois são os meios de cálculo utilizados para o reconhecimento da placa de matrícula.

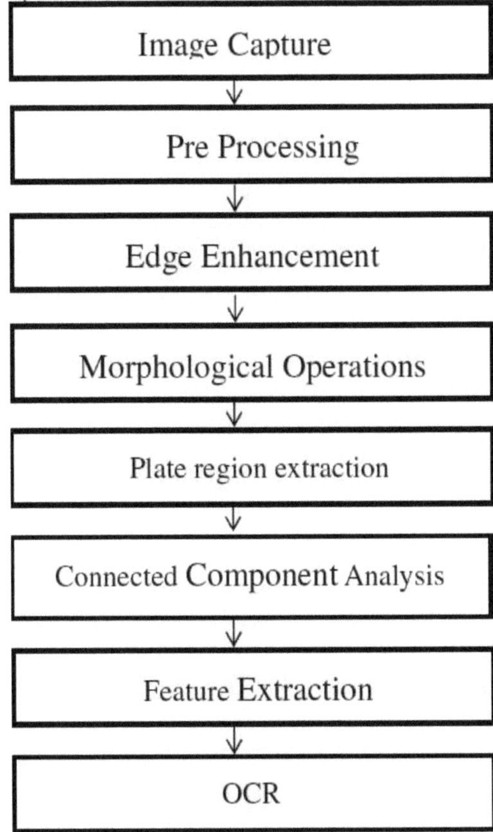

Figura 3-1 Fluxograma do modelo de software

Retratamos a chapa de matrícula como um "local retangular com um evento amplificado de arestas lisas e verticais". A grande espessura de arestas planas e verticais num pequeno espaço é uma parte crítica do tempo feita por personagens excêntricas de uma matrícula, mas não para cada condição. Esta filosofia pode, de vez em quando, aperceber-se de uma zona errada que não se aproxima de uma chapa de matrícula. Por isso, reconhecemos habitualmente alguns resultados potenciais para a chapa através deste cálculo e, ao longo destas linhas, escolhemos o melhor através de um exame heurístico posterior.

Permitir que uma imagem de dados seja descrita por um limite f(x, y), em que x e y são direcções espaciais, e f é um máximo de impulso de luz até então. Este ponto de rutura é consistentemente discreto em estruturas de ponta, por exemplo, x, y ∈ v □, onde N □ representa o plano de jogo dos números normais, incluindo o zero. Descrevemos operações, por exemplo, divulgação de borda ou confinamento de classificação como mudanças numéricas de limite f.

A prova reconhecível de um espaço de placa numérica contém um desenvolvimento de operações de convolução. A visão alterada é então prevista em x e y. Estas projecções são utilizadas para escolher uma extensão de uma placa numérica. No tratamento e exame de imagens é fundamental ter a capacidade de concentrar a inclusão, delinear formas e ver contornos. Esta razão recomenda os pensamentos geométricos, por exemplo, o tamanho, a forma e a apresentação. A morfologia lógica utiliza pensamentos da teoria dos conjuntos, da geometria e da topologia para desmembrar estruturas geométricas numa fotografia. As operações morfológicas podem ser associadas a imagens de dois níveis e de nível reduzido, utilizando as ruínas de construção mais importantes para alguns administradores morfológicos: a desintegração e a ampliação.

3.1 DILATAÇÃO

A dilatação é a alteração morfológica que une dois conjuntos utilizando a expansão vetorial de conjuntos de componentes. Por exemplo, se A e B são dois conjuntos no espaço euclidiano de dimensão N *(E = Rn)* com componentes *(a = a₁ , a₂ , ..., aₙ)* e *(b = b₁ , b₂ , ..., bₙ)* separadamente, então a expansão de A por B é o arranjo de todos os agregados vectoriais concebíveis de conjuntos de componentes, um com origem em an e o outro em b. A expansão de A por B é dada por

$$A \oplus B = \{c \in R^n \mid c = a + b \; for \; a \in A, for \; b \in B \qquad\qquad 3.1$$

Como exemplo, considere os conjuntos

A={(1,1),(2,1),(2,2)}

B={(0,0),(0,1)}

A dilatação de A por B é dada por:

$$A \oplus B = (1,1), (2,1), (2,2), (1,2), (2,2), (2,3)$$

A dilatação faz com que os objectos de uma imagem aumentem de tamanho. Pode ser utilizada para eliminar pequenas lacunas ou fendas. A figura 1 mostra duas disposições de A e B. O conjunto A refere-se à imagem de informação e o conjunto B refere-se à componente de organização. O resultado A⊕B significa a imagem de rendimento. Como esboço, a Figura 3-2 mostra uma imagem e a sua alteração de expansão.

0	0	0	0
0	1	0	0
0	1	1	0
0	0	0	0

1	1

0	0	0	0
0	1	1	0
0	1	1	1
0	0	0	0

Input Image   Structuring Element   Output Image

Figura 3-2 Operação de dilatação

3.2 EROSÃO

A erosão é a mudança morfológica que consolida dois conjuntos utilizando a regulação como seu conjunto de premissa. Por exemplo, se A e B são dois conjuntos no espaço euclidiano, então a desintegração de A por B é a disposição de todos os componentes de x para os quais x+b ∈ A para cada b ∈ B.

A desintegração de A por B é dada por:

$$A \ominus B = \{c \in R^n \mid c + b \in A, for\ every\ b \in B$$

3.2

Como exemplo, considere os conjuntos:

$$A = \{(1,0), (1,1), (1,2), (1,3), (2,2)\}$$

$$B = \{(0,0), (0,1)\}$$

A erosão de A por B é dada por:

$$A \ominus B = (1,0), (1,1), (1,2)$$

A erosão faz com que os objetos de uma imagem encolham. Pode ser utilizada para expulsar pequenas características. O conjunto A refere-se à imagem de entrada e o conjunto B refere-se à componente de estruturação. O resultado A⊖B significa a imagem de saída.

0	0	0	0
1	1	1	1
0	1	0	0
0	0	0	0

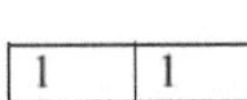

1	1

0	0	0	0
1	1	1	0
0	0	0	0
0	0	0	0

Input Image   Structuring element   Output Image

Figura 3-3 Operação de erosão

3.3 ABERTURA E FECHO

As outras operações morfológicas imperativas são a abertura e o fecho. A abertura, na sua maior parte, suaviza a forma de uma imagem; quebra a banda limite e retira as projecções finas. A abertura do conjunto A pela organização do componente B, que significou como A□B, é a desintegração de A por B, e depois foi levada depois pela ampliação do resultado por B

$$A \; B = (A \ominus B) \oplus B \qquad\qquad 3.3$$

O fecho tende igualmente a alisar segmentos da forma em vez de abrir. Na maior parte dos casos, circunscreve as quebras de limites e as baías longas e finas, elimina pequenas aberturas e preenche buracos na forma. O fim de A através da organização do componente B, que é indicado como A - B, é o alargamento de A por B e depois disso é seguido pela desintegração do resultado por B.

$$A \cdot B = (A \oplus B) \ominus B \qquad\qquad 3.4$$

Em matlab, os programas são os seguintes

IM2 = imopen (IM, SE)

IM2 = imopen (IM, NHOOD)

gpuarrayIM2 – imopen (gpuarrayIM,____)

IM2 = imopen (IM, SE) efectua a abertura morfológica na escala dim ou na imagem dupla IM com o componente organizador SE. A contenção SE deve ser um protesto de componente organizador solitário, em vez de uma variedade de artigos. A operação de abertura morfológica é a desintegração seguida da expansão, utilizando o mesmo componente organizador para ambas as operações.

IM2 = imclose (IM, SE)

IM2 = imclose (IM, NHOOD)

gpuarrayIM2 = imclose (gpuarrayIM, ___)

IM2 = imclose (IM, SE) efectua o fecho morfológico na imagem de escala reduzida ou paralela IM, devolvendo a imagem fechada, IM2. O núcleo, SE, deve ser um objeto de componente organizador solitário, em vez de uma variedade de artigos. A operação de fecho morfológico é a dilatação seguida da desintegração, utilizando o mesmo componente organizador para ambas as operações.

Figure 3-4 (a) original image (b) opening (c) closing

3.4 OPERAÇÃO DE MORFOLOGIA DE NÍVEL CINZENTO

O tratamento morfológico binário pode ser alargado a imagens de nível cinzento. Não obstante, o aumento não é pequeno devido à questão de encontrar uma representação adequada das qualidades de nível escuro com conjuntos. As estimativas de pixéis de nível cinzento podem variar entre 0 e 255. Embora as operações sejam comparáveis, a melhor abordagem para avaliar um conjunto de pixéis de informação e incentivar a criação de pixéis de rendimento varia em relação à operação morfológica dupla relacionada. Os componentes de organização do nível de cinzento podem igualmente variar de 0 a 255.

A caixa de diálogo anexa gere elementos de imagem avançados do quadro f(x, y) e b (x, y) em que a imagem de entrada é f(x, y) e b(x, y) é um kernel. Estas capacidades são igualmente discretas, ou seja, se Z significa a disposição de um número genuíno, a suposição é que (x,y) são números inteiros de Z x Z; além disso, f e b são capacidades que atribuem um nível de intensidade um incentivo a cada correspondência particular de direcções (x,y).

A dilatação do nível de cinzento de f por b, indicada como f $\oplus$ b é caracterizada por:

$$(f \oplus b)(s,t) = \max\{f(s-x,t-y) + b(x,y)|(s-x),(t-y) \in D_f; (x,y) \in D_b \qquad 3.52$$

Onde D_f e D_b são as áreas de f e b individualmente. Como se sabe há pouco tempo, b é a componente organizadora, mas note-se que b é atualmente uma capacidade em vez de um conjunto. Para elementos de uma variável, a equação (3.5) pode ser comunicada como:

$$(f \oplus b)(s) = \max\{f(s-x) + b(x)|(s-x) \in D_f; x \in D_b \qquad 3.6$$

Por outro lado, a desintegração do nível de cinzento de f por b, indicada por f $\ominus$ b é caracterizada por:

$$(f \ominus b)(s,t) = \min\{f(s+x,t+y) - b(x,y)|(s+x),(t+y) \in D_f; (x,y) \in D_b \qquad 3.7$$

Para elementos de uma variável, a condição (3.7) pode ser comunicada como

$$(f \ominus b)(s) = \min\{f(s+x) - b(x)|(s+x) \in D_f; x \in D_b \qquad 3.8$$

Figure 3-5   (a) original image   (b) dilated image   (c) erosion of image

A Figura 3.3 (a), (b), (c) demonstra uma imagem em nível de cinzento com a sua operação de dilatação e erosão

3.5 GRADIENTE MORFOLÓGICO

Apesar da discussão anterior, relacionada com a descarga de mínimo, moderado e impressionante, o alargamento e a desintegração são utilizados para registar a borda morfológica de uma imagem. Implicada como δ, a inclinação morfológica pode ser representada por:

$$\delta = (f \oplus b) - (f \ominus b) \qquad 3.93$$

Existem dois tipos de meio ângulo. Um deles é a inclinação interior, designada por δ^-.

$$\delta^- = I_{original} - (f \ominus b) \qquad\qquad 3.10$$

A outra metade da inclinação é o declive exterior, indicado como δ^+, que é a distinção entre a imagem original e a imagem corroída

$$\delta^+ = (f \oplus b) - I_{original} \qquad\qquad 3.11$$

3.6 ESQUEMA MORFOLÓGICO PARA DETECÇÃO DE BORDOS

Uma aresta é o limite entre duas regiões com propriedades de nível de cinzento geralmente distintas, que é a abordagem mais amplamente reconhecida para distinguir descontinuidades significativas. A ideia fundamental dos sistemas de localização de arestas é o cálculo de um operador derivado local. O operador mais conhecido é o operador angular, por exemplo,

Operador Sobel, operador Prewitt, operador Robert e operador Canny. A Figura 3.5(a), (b) demonstra uma imagem e a sua descoberta de bordos.

Figure 3-6   (a) original image   (b) Edge Detection

Para as técnicas de Sobel, Prewitt e Roberts, o trabalho de bordadura descobre as bordaduras através da limiarização da inclinação. Para a técnica do Laplaciano de Gaussiano, o limite limita a inclinação das intersecções zero na sequência do peneiramento da imagem com um canal Log. Para a técnica de Canny, o bordo controla a inclinação utilizando a subsidiária de um canal Gaussiano

O esquema morfológico para detetar o bordo de uma imagem tem as seguintes vantagens

- O processo de cálculo morfológico no ambiente MATLAB pode ser efectuado utilizando apenas a adição e a subtração, o que o torna mais fácil e rápido.

O esquema morfológico fornece uma excelente capacidade para detetar o bordo de uma imagem de forma precisa e agradável, definindo um elemento de estruturação adequado

3.7 OPERADOR PERWITT

O Prewitt é utilizado para o reconhecimento de arestas numa imagem. Reconhece dois tipos de arestas:

- Bordos horizontais

- Arestas verticais

As arestas são calculadas utilizando o contraste entre as potências de píxeis relacionadas de uma imagem. Cada uma das capas que são usadas para a área de borda é geralmente chamada de spreads auxiliares. Uma vez que, como já comunicámos anteriormente neste curso de ação de actividades de instrução, a fotografia é, além disso, um banner, pelo que as alterações num banner devem ser calculadas utilizando a partição. Por isso, é por essa razão que estes presidentes são também designados por executivos subordinados ou por sudário de apoio.

Todas as gamas de apoio devem ter as propriedades "going with":

O sinal oposto deve estar acessível na capa.

A soma das coberturas deve ser comparável a zero.

Mais peso implica uma prova reconhecível com mais arestas.

O executivo Prewitt dá-nos duas pistas, uma para a perceção de arestas em direção nivelada e outra para o reconhecimento de arestas num percurso vertical.

Direção vertical

-1	0	1
-1	0	1
-1	0	1

O elemento estruturante acima encontrará as arestas no curso vertical e é à luz do facto de que a área dos zeros no cabeçalho vertical. Quando se convolve esta capa numa fotografia, ela dá-lhe as arestas verticais numa fotografia.

Quando aplicamos esta capa na fotografia, as arestas verticais tornam-se evidentes. Funciona fundamentalmente como um derivado de primeira exigência e calcula a qualificação da força dos píxeis numa região de borda. Como o segmento central é zero, exclui as principais estimativas de uma foto, mas calcula a qualificação dos valores de pixel direito e esquerdo em torno dessa borda. Esta extensão da potência da borda e acabou por ser claramente redesenhada quase até à imagem principal.

Direção horizontal

-1	-1	-1
0	0	0
1	1	1

Acima da capa encontrar-se-ão arestas em curso regular e é por isso que a zona dos zeros se encontra nivelada. Quando se convolve esta capa numa fotografia, as arestas niveladas são inconfundíveis na fotografia.

Esta peça irá evidenciar as arestas suaves numa imagem. É da mesma forma que desgasta o gestor do kernel acima e descobre o refinamento entre as forças de pixel de uma determinada borda. Como a linha de cobertura envolve zeros, exclui as estimativas primárias de borda na foto, mas processa a qualificação das forças de pixel acima e abaixo da borda específica. Desta forma, alarga a mudança súbita de forças e torna o bordo mais evidente. Ambas as partes anteriores seguem a regra da cobertura derivada. Ambas as coberturas têm sinal inverso e ambos os spreads somam valores iguais a zero. A terceira condição não será significativa neste administrador, uma vez que ambos os véus acima são regulados e não podemos alterar a sua motivação.

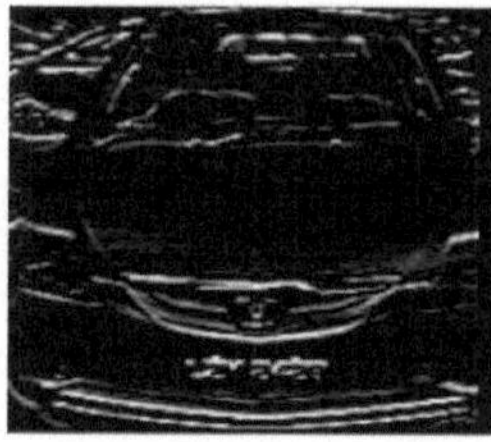
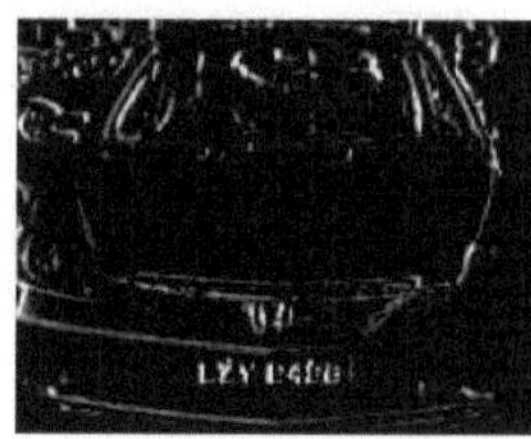

Figure 3-7   (a) original image   (b) Perwitt Gx   (c) Perwitt Gy

Como deve ser claro que na imagem essencial sobre a qual aplicamos o véu vertical, todas as arestas verticais são mais discerníveis do que na imagem principal. Da mesma forma, na segunda imagem, associámos o véu de nível e, como resultado, todas as arestas pares são reconhecíveis. Assim, podem ver que podemos reconhecer tanto as arestas pares como as verticais da imagem.

3.8 OPERADOR SOBEL

O administrador Sobel é, a um nível muito básico, o mesmo que o administrador Prewitt. É, da mesma forma, um bit derivado e é utilizado para a área das arestas. Tal como o administrador Prewitt, o administrador Sobel é utilizado para identificar dois tipos de arestas numa imagem:

- Título vertical

- Título horizontal

O refinamento genuíno é que, no administrador Sobel, os coeficientes dos spreads não são estabelecidos e podem ser ajustados pelo nosso essencial, a menos que não manipulem qualquer propriedade da máscara auxiliar.

-1	0	1
-2	0	2
-1	0	1

-1	-2	-1
0	0	0
1	2	1

A parte esquerda funciona de forma idêntica à parte vertical do administrador Prewitt. Existe apenas uma única diferenciação que é o facto de ter 2 e - 2 valores no ponto de convergência da primeira e terceira secção. Logo quando associado à imagem, este elemento estruturante irá realçar as arestas verticais.

Quando aplicamos esta peça a uma imagem, esta apresenta arestas verticais específicas. Funciona essencialmente como uma derivada de primeira ordem e descobre a qualificação das potências dos pixels numa região de aresta.

Como a secção interior é igual a zero, exclui as estimativas principais de uma fotografia, mas descobre o refinamento dos valores de pixel direito e esquerdo à volta dessa margem. Além disso, as estimativas da secção interior do primeiro e do terceiro segmento são 2 e - 2, independentemente.

Isto dá mais peso aos valores de pixel em torno da região da borda. Esta extensão do poder de borda e acabou por ser discernivelmente redesenhada moderadamente para a imagem principal.

O kernel direito vai encontrar arestas no rumo e é em virtude disso que a área de zeros está em curso nivelado. Quando se convolve esta cobertura numa fotografia, observam-se arestas niveladas na fotografia. A diferença fundamental entre elas é que têm 2 e - 2 como parte interna da primeira e da terceira linha.

Esta máscara irá destacar as arestas niveladas numa fotografia. É da mesma forma que desgasta a regra do véu acima e encontra qualificação entre os poderes de pixel de uma borda particular. Como a linha do véu está a envolver zeros, exclui as principais estimativas de arestas na fotografia, mas descobre o refinamento das forças de píxeis acima e abaixo da aresta específica. Assim, alarga a mudança súbita de forças e torna o bordo mais percetível.

 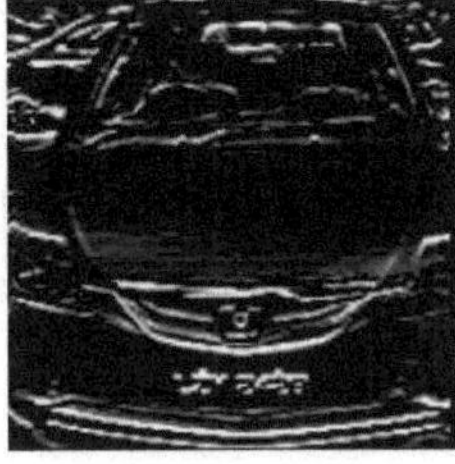 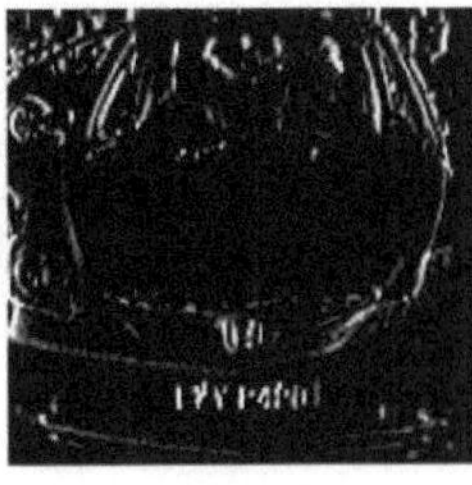

Figure 3-8 (a) Original image   (b) Sobel Gx   (c) Sobel Gy

Como deve ser evidente, na primeira imagem à qual aplicámos o véu vertical, todas as arestas verticais são mais evidentes do que na imagem principal. Da mesma forma, na segunda imagem, associámos a parte par e, como resultado, todas as arestas de nível são detectáveis.

Assim, pode ver que podemos reconhecer tanto as arestas regulares como as verticais de uma fotografia. Da mesma forma, se diferenciar o resultado do administrador Sobel e do presidente Prewitt, verificará que o diretor Sobel encontra mais arestas ou torna as arestas mais inconfundíveis quando diverge do operador Prewitt.

Isto deve-se ao facto de, no supervisório de Sobel, termos dado mais peso aos controlos de píxéis em torno das margens.

3.9 HISTOGRAMA DE PROCESSAMENTO DE BORDOS HORIZONTAIS E VERTICAIS

Tendo em conta o objetivo final de eliminar as informações inúteis da imagem, só é necessário trabalhar com os bordos da imagem. Em qualquer caso, começamos por transformar a primeira imagem numa imagem à escala de cinzentos. A imagem em escala de cinzentos é alterada para uma imagem paralela, decidindo uma borda para várias intensidades na imagem. Após a binarização, pode ser utilizado o cálculo de reconhecimento de limites. Nessa altura, para decidir a região da matrícula, procedemos ao tratamento horizontal e vertical dos bordos. Inicialmente, o histograma horizontal é verificado navegando em todos os segmentos de uma imagem. O cálculo começa a navegar com o segundo pixel a partir do ponto mais alto de cada segmento da imagem. A diferença entre o segundo e o primeiro pixel é calculada. Na eventualidade de a distinção ultrapassar um determinado limite, é adicionada para agregar a totalidade dos contrastes. Ele cruza até o final do segmento e o total agregado de contrastes entre os pixels vizinhos é calculado. No final, é feita uma matriz do agregado perspicaz do segmento. Um procedimento semelhante é efectuado para o histograma vertical.

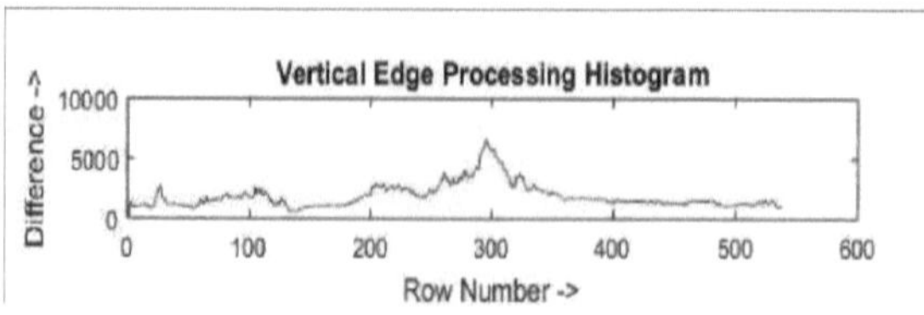

Figura 3-9 Histograma vertical

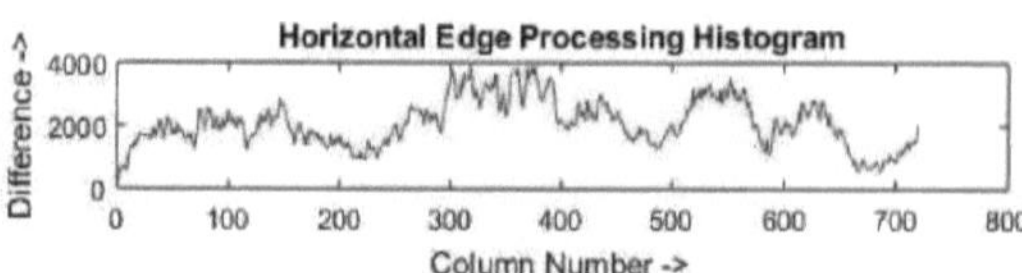

Figura 3-10 Histograma horizontal

3.10 PLACA DE MATRÍCULA DE CORTE

Depois de determinar o nível e o histograma vertical, calculámos um valor limite que é 0,434 circunstâncias do valor mais extremo do histograma plano. O nosso próximo passo para a extração é editar a gama de intrigas, ou seja, o território da matrícula. Para editar, primeiro produzimos uma imagem única num plano nivelado e depois verticalmente. Na edição uniforme, preparamos o segmento de rede de imagem astuto e contrastamos sua estima de histograma plano e a estima de borda predefinida. Na hipótese de o incentivo específico no histograma de nível ser mais do que o limite, carimbamo-lo como a nossa fase inicial de edição e prosseguimos até à estima da borda que encontramos - não tanto quanto esse é o nosso ponto final. Neste procedimento, obtemos numerosos territórios que têm uma estima superior ao limite, pelo que armazenamos todos os pontos iniciais e finais numa rede e pensamos na largura de cada região, a largura é o contraste calculado do ponto inicial e final. Depois disso, descobrimos o conjunto de pontos de observação e de extremidade que delimitam a largura. Nessa altura, recortamos a imagem num plano nivelado, utilizando esse ponto inicial e final. Esta nova imagem editada num plano nivelado está preparada para o corte vertical. No recorte vertical, utilizamos a mesma técnica de correlação de bordas, mas a única diferença é que, desta vez, preparamos a estrutura da imagem para obter uma estimativa de borda e contraste e valores de histograma vertical. Mais uma vez, obtemos diversos arranjos de início vertical e ponto final, mais uma vez encontramos aquele conjunto que delineia a estatura e a imagem do produto, utilizando esse início vertical e ponto final. Após o corte vertical e plano, obtemos a região correcta da matrícula a partir de uma imagem única.

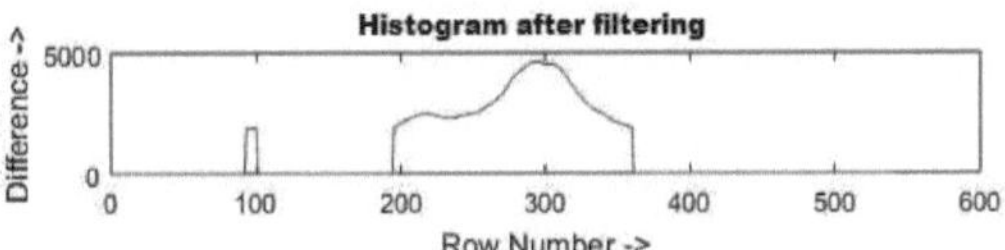

Figura 3-11 Histograma vertical após filtragem

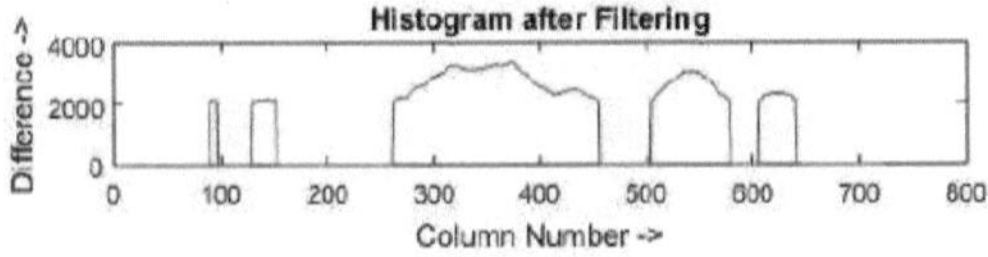

Figura 3-12 Histograma horizontal após filtragem

A figura mostra as placas extraídas.

Figure 3-13 (a) Original image   (b) Extracted number plate

CAPÍTULO 4

SEGMENTAÇÃO DE CARACTERES E RECONHECIMENTO

O passo seguinte à prova distintiva do local da matrícula é a divisão da matrícula. A divisão é uma das filosofias mais fundamentais na aprovação reforçada da matrícula, uma vez que cada avanço posterior depende dela. No caso de a divisão ser insuficiente, um carácter pode ser vergonhosamente isolado em duas partes, ou dois caracteres podem ser vergonhosamente consolidados.

Antes da divisão da matrícula, são necessários alguns sistemas de preparação da imagem, ou seja, passar a imagem removida para os canais e aplicar a estratégia de atualização da imagem. Nessa altura, aplicamos alguns cálculos morfológicos e de limites para eliminar a sujidade e as sombras.

4.1 FILTRO MÉDIO

O canal mediano é um sinal não-linear que trata da inovação na perspetiva das experiências. A estimativa de alta da imagem eletrónica ou da progressão é suplantada pela estimativa central da área (cobertura). Os pixels da máscara estão situados na procura dos seus níveis de cinzento, e a estimativa média do acontecimento social é assegurada para suplantar a consideração exaltada. O resultado da seleção do meio é

$$g(x,y) = med\{f(x - t), (y - f), t, f \in W \}, \qquad 4.1$$

em que g(x,y) e f(x,y) são a imagem original e a imagem de saída individualmente, W é a máscara bidimensional: o tamanho da cobertura é nun (em que n é normalmente ímpar, por exemplo, 3x3, 5x5, etc.); a forma do véu pode ser direta, quadrada, redonda, em cruz, etc.

Uma vez que o canal mediano é um canal não linear, o seu exame numérico é, na maior parte dos casos, intrigante para a fotografia com perturbação discricionária. Para uma fotografia com ruído médio nulo em condições normais de transporte, a distinção de agitação da filtragem central é geralmente.

$$\sigma_{med}^2 = \frac{1}{4nf^2\overline{(n)}} \approx \frac{\sigma_i^2}{n + \frac{\pi}{2} - 1} \cdot \frac{\pi}{2} \qquad 4.24$$

Em que σ_i^2 é a potência do ruído de entrada (a variância), n é a magnitude do núcleo de filtragem mediana, $\overline{f(n)}$ é a função da densidade do ruído? e a variância do ruído da filtragem média é

$$\sigma_0^2 = \frac{1}{n}\sigma_i^2 \qquad 4.35$$

Comparando (4.2) e (4.3), os impactos da separação da mediana dependem de duas coisas: a extensão do kernel e a circulação do ruído. A execução da separação mediana da redução do ruído aleatório é superior a tudo o que o desempenho da filtragem normal, mas para o ruído de impulso, particularmente os impulsos limitados são mais remotamente separados e a largura do batimento não é tanto quanto n/2, o canal mediano é extremamente bem sucedido. A execução da filtragem mediana deve ser melhorada se o algoritmo de filtragem mediana, juntamente com o algoritmo de filtragem normal, puder redimensionar adaptativamente o kernel conforme indicado pela densidade do ruído.

4.2 MELHORAMENTO DE IMAGEM

O melhoramento da imagem é utilizado para realçar os pormenores mais finos da imagem ou para melhorar os pontos de interesse que estão obscurecidos. Estes filtros são baseados na diferenciação espacial. A primeira derivada da função é dada por

$$\frac{\delta f}{\delta x} = f(x + 1) - f(x) \qquad\qquad 4.46$$

É muito recente a distinção entre os valores resultantes e a medição da taxa de variação da função.

A segunda derivada da função é dada por

$$\frac{\delta f^2}{\delta x^2} = f(x + 1) + f(x - 1) - 2f(x) \qquad\qquad 7$$

Considera apenas as qualidades anteriores e posteriores à estima atual.

A segunda filial é mais significativa para a mudança de imagem do que a filial principal, uma vez que dá uma resposta mais fundamentada a elementos finos e refinados.

Atualmente, o principal filtro de melhoramento é o filtro Laplaciano, que é profundamente exato e retificativo.

O Laplaciano é definido como

$$\nabla f^2 = \frac{\delta^2 f}{\delta^2 x} + \frac{\delta^2 f}{\delta^2 y} \qquad\qquad 8$$

$$\frac{\delta^2 f}{\delta^2 x} = f(x + 1, y) + f(x - 1, y) - 2f(x, y) \qquad\qquad 4.7$$

$$\frac{\delta^2 f}{\delta^2 y} = f(x, y + 1) + f(x, y - 1) - 2f(x, y) \qquad\qquad 4.8$$

Assim, o Laplaciano é dado como

$$\nabla f^2 = f(x + 1, y) + f(x - 1, y) + f(x, y + 1) + f(x, y - 1) - 4f(x, y) \qquad\qquad 4.99$$

O resultado do canal Laplaciano não é uma imagem melhorada, para criar a imagem melhorada, temos,

$$g(x, y) = f(x, y) - \nabla^2 f, v_5 < 0 \qquad\qquad 4.10$$

$$g(x, y) = f(x, y) + \nabla^2 f\, v_5 > 0 \qquad\qquad 4.11$$

v1	v2	v3
v4	v5	v6
v7	v8	v9

0	-1	0
-1	5	-1
0	-1	0

Figura 4-1 Máscara do filtro Laplaciano

Toda a atualização pode ser unida numa única operação de peneiração

$$g(x,y) = f(x,y) - [f(x+1,y) + f(x-1,y) + f(x,y+1) + f(x,y-1)$$
$$- 4f(x,y)] \qquad 4.12$$

$$= 5f(x,y) - f(x+1,y) - f(x-1,y) - f(x,y+1) - f(x,y-1)$$

Isto dá-nos a nova máscara que faz todo o trabalho numa só fase.

Aplicando o canal Laplaciano às imagens, obtemos outra imagem que realça as arestas e as diferentes dissemelhanças.

4.3 ETIQUETAGEM DE COMPONENTES LIGADOS

A etiquetagem de componentes ligados estrutura uma imagem e reúne os seus pixels em fragmentos à luz da disponibilidade de pixels, ou seja, todos os pixels num segmento associado têm valores de força de pixels comparáveis e estão de alguma forma associados uns aos outros. Quando a soma total dos agrupamentos tiver sido resolvida, cada pixel é marcado com um nível de escurecimento ou um (nome de sombreamento), conforme indicado pelo segmento a que foi atribuído.

A separação e nomeação de diferentes segmentos disjuntos e associados numa imagem é parte integrante de muitas aplicações de exame de imagens computorizadas.

A marcação de partes associadas funciona através da análise de uma imagem, pixel a pixel (de ponta a ponta e da esquerda para a direita), com o objetivo específico de distinguir distritos de pixéis associados, ou seja, distritos de pixéis próximos que têm uma disposição semelhante de qualidades de potência W. (Para uma imagem paralela W ={1}; não obstante, numa imagem de nível escuro W irá contra uma extensão de características, por exemplo: W={51, 52, 53, ..., 77, 78, 79, 80}.)

A marcação de segmentos associados lida com imagens de nível duplo ou escuro e são concebíveis diferentes medidas de disponibilidade. Em todo o caso, para o que se segue, aceitamos imagens de informação emparelhadas e disponibilidade de 8. O responsável pela nomeação das partes relacionadas canaliza a imagem movendo-se ao longo de uma linha até chegar a um ponto p (em que p sugere o pixel a nomear em qualquer fase da filosofia de observação) para o qual W= {1}. Precisamente quando isto é honesto, analisa os quatro vizinhos de p que foram educados sobre a bússola (ou seja, os vizinhos (i) do lado oposto de p, (ii) acima dele, e (iii e iv) os dois termos superiores de canto a canto). Tendo em conta estes dados, a verificação de p faz-se como segue:

Na hipótese de todos os quatro vizinhos serem 0, atribuir outra marca a p, ou na hipótese de apenas um vizinho

28

ter W= {1}, atribuir a sua marca a p, ou na hipótese de mais de um vizinho ter W= {1}, atribuir um dos nomes a p e atribuir um memorando das semelhanças.

Depois de terminada a produção, os conjuntos de marcas idênticas são ordenados em classes de identidade e é atribuído um nome único a cada classe. Como último passo, é feita uma varredura momentânea através da imagem, no meio da qual cada nome é suplantado pela marca designada para as suas classes de proporcionalidade. Para efeitos de demonstração, os nomes podem ter diversos níveis ou tonalidades de escuridão.

A ocupação da divisão de caracteres é excecionalmente problemática devido a algumas variáveis como a comoção da imagem, a borda da placa, o parafuso, a revolução e a diferença de iluminação. Assim, com um objetivo final específico de obter uma execução decente da fase de pré-processamento da divisão de caracteres é enorme. No início, a imagem é separada e os clamores são expulsos. No meio do tratamento das margens, alguns pequenos protestos que influenciam diretamente o procedimento de divisão podem desenvolver-se na imagem limite devido às questões de diferentes condições de iluminação, câmara de baixa qualidade e impacto do movimento. Assim, um procedimento morfológico que procura em toda a imagem pequenos componentes associados e expulsa-os. Nesta altura, para isolar os caracteres próximos uns dos outros, é ligado à imagem um administrador de alargamento. Após esta fase, com um objetivo específico de remover o carácter da filtragem de parcelas da placa, prevê-se a filtragem de parcelas. Nesta técnica de parcela à luz da estima do segmento, o carácter e a fundação são isolados. Na sequência de algumas análises, uma estima de partição maior do que 0,7-0,8 é medida como fundação, se não for medida como carácter. Por fim, a placa é dividida em duas partes com dígitos no primeiro quadrado e letras na segunda parte.

4.4 SEGMENTAÇÃO POR DESLOCAMENTO MÉDIO

O deslocamento médio é uma estratégia não paramétrica de exame do espaço de componentes para encontrar os máximos de uma capacidade de espessura, um suposto cálculo de perseguição de modo.

O movimento médio é uma estratégia para encontrar os máximos de um trabalho de espessura dada a informação discreta testada a partir dessa capacidade. É valiosa para reconhecer os métodos desta espessura.

O cálculo do movimento médio procura a "moda" ou o objetivo da espessura mais elevada de uma dispersão de informação. Inclui os seguintes pontos;

1.   Escolha um tamanho de janela de pesquisa.

2.   Escolha a localização inicial da janela de pesquisa.

3.   Calcular a localização média (centroide dos dados) na janela de pesquisa.

4.   Centrar a janela de pesquisa na localização média calculada na etapa 3.

5.   Repetir os passos 3 e 4 até à convergência.

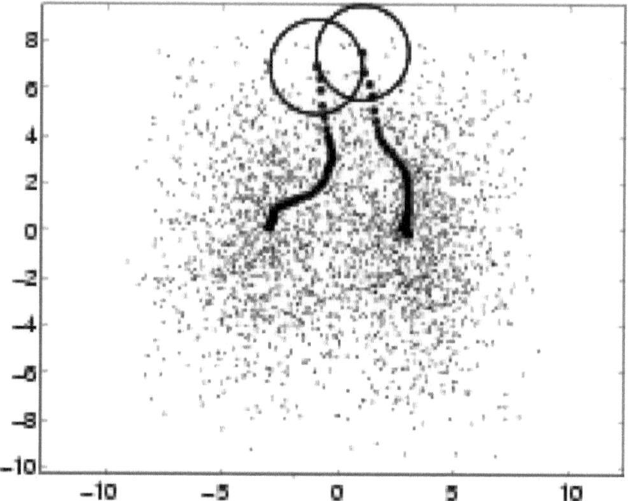

Figura 4-2 As faixas de janela indicam as direcções de subida mais acentuadas

4.5 SEGMENTAÇÃO DO CRESCIMENTO POR REGIÃO

O crescimento regional é uma técnica básica de divisão de imagens baseada em áreas. É adicionalmente designada por técnica de divisão de imagem baseada em pixéis, uma vez que inclui a determinação de focos de semente introdutórios. Esta forma de lidar com a divisão analisa os pixels vizinhos dos focos de semente iniciais e descobre se os pixels vizinhos devem ser adicionados ao distrito. O procedimento é iterado, de uma forma indistinguível dos cálculos gerais de agrupamento de informação.

O objetivo fundamental da divisão é segmentar uma imagem em locais. Algumas estratégias de divisão, por exemplo, a limiarização, atingem este objetivo procurando os limites entre os distritos, tendo em conta as descontinuidades na escala de dimensão ou nas propriedades de sombreamento. A divisão baseada na localidade é um sistema para decidir especificamente a área. A formulação básica é a seguinte:

1. $R_1 \cup R_2 \cup R_3 \ldots R_n = R$

2. R_i *está ligado*

3. $R_i \cap R_j = emty$

4. $P(R_i) =$ Região *verdadeira* R_i Satisfaz a condição de semelhança

5. $P(R_i \cup R_j) =$ *FalsePara a região adjectivada*

30

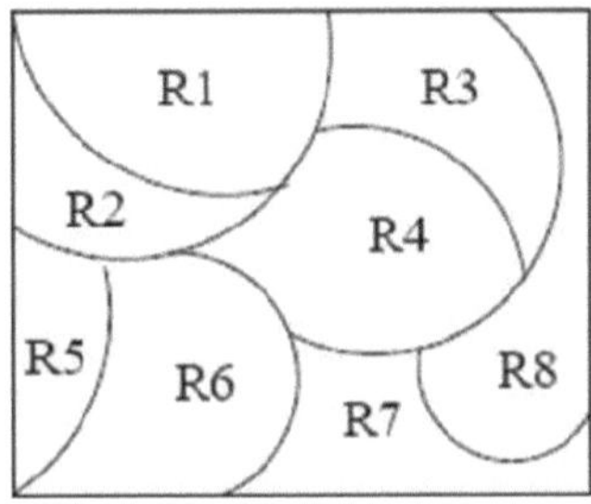

Figura 4-3 Região R dividida em n regiões

A fase inicial do desenvolvimento da localidade consiste em escolher um conjunto de pontos de semente. A determinação dos pontos de semente depende de alguma base do cliente (por exemplo, píxeis numa escala específica de dimensão, píxeis igualmente dispersos numa matriz, etc.). A localidade subjacente começa como a área correcta destas sementes.

Os distritos são então desenvolvidos a partir destes focos de semente para focos contíguos, com base numa medida de matrícula por área. O modelo pode ser, por exemplo, uma força de píxeis, uma superfície de escala reduzida ou um sombreado.

Uma vez que as áreas são desenvolvidas com base na fundação, os próprios dados da imagem são fundamentais. Por exemplo, se o paradigma fosse a valorização da borda da força do pixel, o conhecimento do histograma da imagem seria útil, pois poder-se-ia utilizá-lo para decidir um limite razoável e um incentivo para o padrão de participação da área.

Figura 4-4 Segmentação da chapa de matrícula

4.6 EXTRACÇÃO DE CARACTERÍSTICAS

Os dados contidos numa representação bitmap de uma imagem não são adequados para serem preparados por PCs. Neste sentido, é necessário representar um carácter de outra forma. O significado do carácter deve ser invariante em relação ao tipo de estilo impresso utilizado; da mesma forma, todas as ocasiões de um carácter

31

semelhante devem ter uma delimitação relativa. Uma representação do carácter é um vetor de qualidades numéricas, "descritores" implícitos ou "padrões":

$$Y = (y_0, y_1, \dots y_{n-1})$$

Na maior parte dos casos, a representação de uma região fotográfica depende da sua representação interna e externa. A representação interna de uma fotografia baseia-se nas suas propriedades comuns, por exemplo, sombra ou superfície. A representação externa é selecionada quando o foco fundamental está nas qualidades da forma. A representação de personagens institucionalizadas baseia-se nas suas qualidades exteriores, uma vez que se trata apenas de propriedades, por exemplo, a forma da personagem. Assim, o vetor de descritores junta qualidades, por exemplo, o número de linhas, rectas, lagos, a medida das arestas pares, verticais e de canto a canto ou inclinadas, etc. A extração de secções é um arranjo de avanço de informação de uma representação bitmap para um tipo de descritores, que são mais sensíveis para PCs.

No caso de relacionarmos ocasiões iguais de um carácter próximo nas classes, então os descritores de caracteres de uma classe comparativa devem estar geometricamente próximos uns dos outros no espaço vetorial. Trata-se de um pressuposto fundamental para a realização do processo de afirmação de casos. Esta parte regula estruturas contrastantes para a extração de realces e indica qual a estratégia mais sensata para um tipo específico de mapa de bits de caracteres. Por exemplo, o sistema de "afirmação de arestas" não deve ser utilizado como um toque de mistura com um mapa de bits nublado.

4.7 MATRIZ DE PIXELS

A abordagem mais problemática para gerir descritores de pensamento a partir de uma imagem bitmap consiste em escolher uma grandeza de cada pixel com um auxiliar relacionado no vetor de descritores. Assim, o comprimento desse vetor é igual a um quadrado (m. n) do mapa de bits alterado:

$$x_{i=f(\left[\frac{i}{m}\right],\ \bmod_m(i))} \tag{4.1310}$$

Em que $x \in 0,\dots, m.\ n - 1$.

Os bitmaps mais inconfundíveis formam um vetor de descritores fenomenalmente longo, o que não é legítimo para anúncio. Neste sentido, o tamanho de um mapa de bits gerido deste modo é incrivelmente limitado. Do mesmo modo, este quadro não tem em conta a proximidade geométrica dos pixéis e, além disso, as suas relações de vizinhança. Dois exemplos marginalmente unilaterais de um carácter semelhante fornecem, na maior parte das vezes, vectores de representação completamente diferentes. Apesar disso, esta técnica é adequada se os bitmaps dos caracteres forem excessivamente nebulosos ou demasiado pequenos para a descoberta de arestas

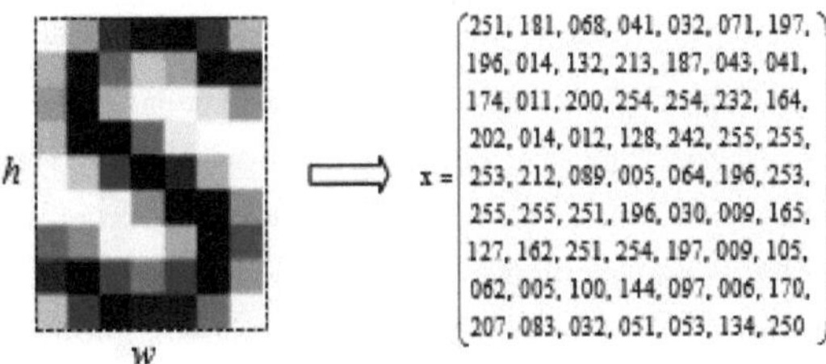

Figura 4-5 Método de extração de características da matriz de píxeis

4.8 VECTOR DE CARACTERÍSTICAS

Um vetor de características é um vetor n-dimensional de elementos numéricos que representam alguns objectos. Numerosos cálculos na aprendizagem automática requerem uma representação numérica dos objectos, uma vez que essas representações favorecem a preparação e a investigação mensurável. Quando se fala de imagens, as qualidades dos componentes podem ser comparadas aos pixéis de uma imagem, enquanto que quando se fala de escritas, talvez se fale de frequências de eventos. Os vectores de inclusão são proporcionais aos vectores de factores informativos utilizados como parte de sistemas mensuráveis, por exemplo, a recidiva direta. Incluir vetores são regularmente consolidados com pesos utilizando um item dab tendo em mente o objetivo final de construir um trabalho de indicador direto que é utilizado para decidir uma pontuação para fazer uma previsão.

O espaço vetorial relacionado com estes vectores é frequentemente designado por espaço de componentes. Tendo em conta o objetivo final de diminuir a dimensionalidade do espaço de componentes, podem ser utilizados vários métodos de redução da dimensionalidade.

4.9 SELECÇÃO DE CARACTERÍSTICAS

A seleção de características, também designada por seleção de variáveis, escolha da qualidade ou escolha do subconjunto de variáveis, é a forma de selecionar um subconjunto de elementos importantes (factores, indicadores) para utilização no desenvolvimento de modelos. Os procedimentos de determinação da inclusão são utilizados por três razões:

- simplificação dos modelos para facilitar a sua interpretação pelos investigadores/utilizadores

- tempos de formação mais curtos

- generalização melhorada através da redução do sobreajuste (formalmente, redução da variância

Os métodos de seleção de características devem ser reconhecidos a partir da extração de realces. A extração de elementos faz novos componentes a partir de elementos dos primeiros elementos, embora a determinação de elementos de destaque devolva um subconjunto dos elementos. Os métodos de seleção de inclusão são frequentemente utilizados em áreas onde existem muitos elementos e relativamente poucos exemplos (ou focos de informação)

4.10 RECONHECIMENTO DE CARACTERES

Os caracteres separados são então vistos e o resultado é o número da matrícula. O reconhecimento dos caracteres nas estruturas ALPR pode apresentar algumas dificuldades. Devido à consideração do zoom da câmara, os caracteres expulsos não têm um tamanho próximo e uma espessura praticamente idêntica. O redimensionamento dos caracteres para um tamanho único antes da afirmação resolve este problema. O estilo da substância das personagens não é sempre semelhante, uma vez que a matrícula de várias nações utiliza estilos literários específicos. Os caracteres removidos podem ter alguma desordem ou podem estar partidos. As imagens seguintes mostram os resultados das matrículas depois de passarem pelo reconhecimento ótico de caracteres (OCR).

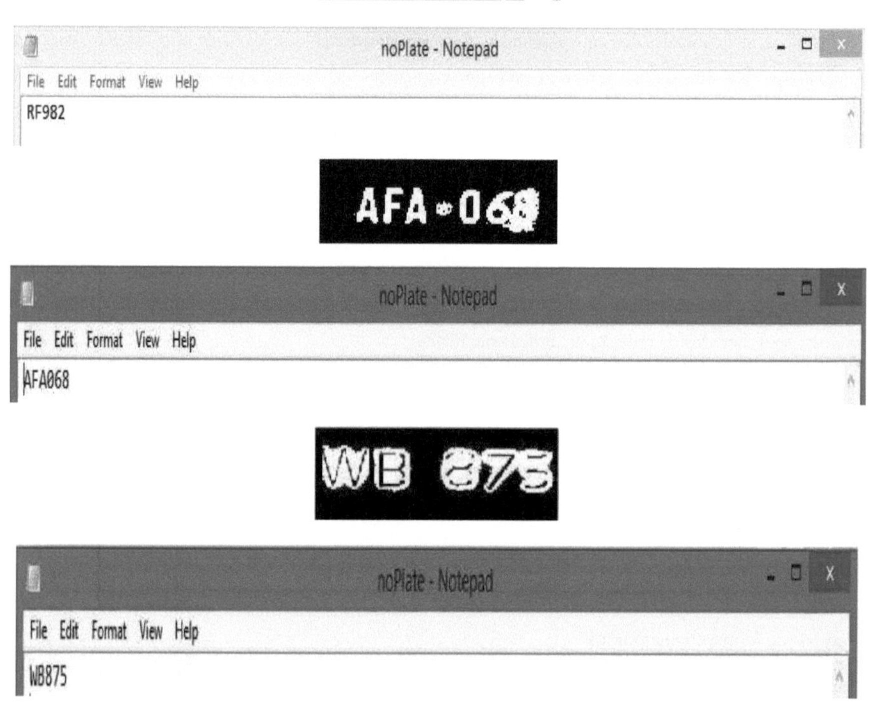

Figura 4-6 Reconhecimento de matrículas com OCR

4.11 RECONHECIMENTO DE CARACTERES ATRAVÉS DA EXTRACÇÃO DE CARACTERÍSTICAS

Uma vez que todos os pixéis da personagem não têm um significado semelhante na visualização da personagem, um sistema de extração de segmentos que pense num par de componentes da personagem é uma outra escolha não muito má para o sistema de planeamento de arranjos de nível reduzido. . Diminui o tempo de preparação para a organização do formato à luz da forma como nem todos os pixels são incorporados. Além disso, ele conquista problemas de coordenação de layout se os elementos forem suficientemente sólidos para reconhecer caracteres sob qualquer flexão. Os elementos removidos formam um vetor de componente que é contrastado com os vectores de elementos pré-colocados para avaliar a proximidade. O vetor de elementos é produzido tomando os elementos mensuráveis, ou seja, a assimetria, o desvio padrão, a moda e a região de cada formato.

CAPÍTULO 5

ENSAIOS E CONSIDERAÇÕES FINAIS

5.1 CONJUNTO DE DADOS

O conjunto de dados inclui 50 imagens de veículos em várias condições de iluminação. Contém imagens de más condições de iluminação, imagens de matrículas sujas, imagens de matrículas com o mesmo fundo e primeiro plano. Desta forma, é utilizada uma câmara Android com capacidade para captar imagens até 16 MP e produzir imagens com uma resolução de píxeis de 4920*3264. Para reduzir o esforço da estação de trabalho, apenas foram capturadas imagens com 800*600. O objetivo principal é localizar a chapa de matrícula que é inconfundível pela máquina, ou seja, uma chapa de matrícula simples e clara. Para todos os efeitos, é difícil fabricar uma máquina com uma capacidade de reconhecimento indistinguível da humana, pelo que o teste é extremamente problemático.

Figura 5-1 Amostras de conjuntos de dados

Seja X um conjunto delegado de todas as imagens que podem ser obtidas por uma ocasião sólida da câmara ANPR. Alguns dos olhares furtivos neste conjunto podem ser obscurecidos; alguns deles podem ser quase nada, demasiado colossais, excessivamente distorcidos ou monstruosamente contorcidos. Desta forma, separei o conjunto inteiro em subconjuntos:

$$X = X_c \cup X_b \cup X_s \cup X_e \cup X_l$$

Em que X_c é um subconjunto de placas "claras", X_b é um subconjunto de placas torcidas, X_s é um subconjunto

36

de placas enviesadas, X_e é um subconjunto de placas, que tem um ambiente circundante difícil, e X_l é um subconjunto de placas com poucos caracteres.

5.2 AVALIAÇÃO DA MATRÍCULA

As matrículas detectadas por um aparelho podem, por vezes, ser diferentes das matrículas correctas. Neste sentido, há necessidade de caraterizar equações e princípios que serão utilizados para avaliar o nível de correção de uma chapa.

Seja Y um número de matrícula e $X = \{Y^0, ..., Y^{n-1}\}$ um conjunto de todos os números de matrícula experimentados. Nesse momento, a taxa de reconhecimento R(X) do quadro ANPR experimentado no conjunto X é determinada como:

$$R(X) = \frac{1}{n} \sum_{i=0}^{n-1} X\ (Y^i) \qquad\qquad 5.1$$

Onde n é a cardinalidade do conjunto X e X(Y) é a pontuação de exatidão da placa Y. A pontuação de exatidão é um valor que expressa a eficácia com que a placa foi vista.

Em pouco tempo, a questão que se coloca é a de saber quais as estratégias para representar a pontuação de precisão das placas individuais. Existem duas metodologias inconfundíveis para o estudar. A primeira é uma pontuação dupla, e a segunda é uma pontuação ponderada.

5.3 PONTUAÇÃO DE DOIS PONTOS

Consideremos que a chapa de matrícula Y é um conjunto de n caracteres alfanuméricos $P = \{Y^0, ..., Y^{n-1}\}$. Se ($Y^r$) é o número da chapa reconhecido por uma máquina e (P^c) é o correto, então a pontuação binária X_b da chapa (Y^r) é avaliada da seguinte forma:

$$X_b(Y^r) = \begin{cases} 0 & if\ Y^r \neq Y^c \\ 1 & if\ Y^r = Y^c \end{cases} \qquad\qquad 5.2$$

Dois números de chapa são iguais se todas as letras em posições equivalentes forem iguais:

$$(Y^r) = (Y^c)$$

5.4 PONTUAÇÃO PONDERADA

No caso de (Y^r) ser um número de chapa detectado por uma máquina e (Y^c) ser o número correto, a pontuação ponderada X_w da chapa (Y^r) é dada como:

$$X_w(Y^r) = \left\{ \frac{Y_i^r | Y_i^r = Y_i^c}{Y_i^r} \right\} = \frac{m}{n} \qquad\qquad 5.311$$

Onde m é a quantidade de caracteres exactos da serra e n é a quantidade de todos os caracteres da placa.

Por exemplo, se a placa "RLE2350" tiver sido vista como "RLE2450", a pontuação ponderada de correção para esta placa é de 85%, mas a pontuação dupla é 0.

Quadro 3 Resultados experimentais

37

Resultados experimentais	Método OCR	Baseado em características
Número de caracteres querry	345	345
Número de caracteres exactos detectados	320	265
Número de caracteres relevantes detectados	29	48
Número de falsos positivos	13	32

Quadro 4 Comparação da deteção por diferentes métodos

Método	Precisão (%)	Recuperação (%)
Le & Li [17]	71.40	61.60
Bai & Liu [18]	74.10	68.10
Lim & Tay [19]	83.73	90.47
Método OCR	96.09	92.75
Baseado em características	89.22	76.81

CONCLUSÃO E TRABALHO FUTURO

Uma vez que o avanço dos transportes está a ser bem ordenado, um sistema de transportes inteligente (ITS) é fundamental. O ITS tem várias aplicações persistentes, como a perceção de arestas, a paragem automática, etc. No exame, criámos e propusemos um modelo para a matrícula de veículos no Paquistão. O resultado típico mostrou que a extração é de 90%, a divisão da matrícula é de 91% e a taxa de afirmação é de 93%. Como discutimos, a afirmação de caracteres é essencialmente afetada pela divisão de caracteres, é influenciada da mesma forma pela estimativa de caracteres, iluminação e garantia. Assim, presume-se que existem imensos sistemas para a estrutura ANPR em composição, cada técnica tem os seus próprios pontos de interesse e detrimentos específicos. Um segmento extenso deles é melhor para usar sistemas lógicos; alguns não são propostos devido à sua alta taxa de endosso de tempo. O problema padrão nas estruturas ANPR são as chapas de matrícula não padronizadas no Paquistão, devido às quais a computação desgasta uma medida reduzida de chapas de matrícula, sendo essencial padronizar a chapa de matrícula para utilização do sistema ANPR no Paquistão. O trabalho futuro inclui o desenvolvimento de um sistema ANPR humilde, mais exato e contínuo, que possa ser implantado fiscalmente em cada extensão cessante ou tribunal de montagem mecânica. O trabalho futuro inclui a programação mais eficiente e a conceção de uma estrutura de hardware ANPR mais simples e mais eficaz para as condições do Paquistão.

BIBLIOGRAFIA

[1] Muhammad Junaid Muzammil, "Aplicação de técnicas de processamento de imagem para a extração de matrículas de veículos em placas de destino ARM".

[2] Jobin K.V, C V Jiji, e Anurenjan P.R, "Automatic Number Plate Recognition system using modified Stroke Width Transform" (Sistema de reconhecimento automático de matrículas utilizando a transformação modificada da largura do traço).

[3] V.Karthikeyan, V.J.Vijayalakshmi, e P.Jeyakumar, "License Plate Segmentation Using Connected Component Analysis", *IOSR Journal of Electronics and Communication Engineering (IOSR-JECE)*, Jan. - Feb. 2013.

[4] Soojey Deshpande, Sandip Kamat, Vaishali Patil, Mukesh Patil e Pradeep Patil, "USE OF HORIZONTAL AND VERTICAL EDGE PROCESSING TECHNIQUE TO IMPROVE NUMBER PLATE DETECTION ," *International Journal of Research in Engineering and Technology*.

[5] Lihong Zheng, Xiangjian He, Qiang Wu e Tom Hintz, "Number Plate Recognition without Segmentation" (Reconhecimento de matrículas sem segmentação), *Proceedings of Image and Vision Computing New Zealand*, dezembro de 2007.

[6] Amr Badr, Mohamed M. Abdelwahab, Ahmed M. Thabet, e Ahmed M. Abdelsadek, "Automatic Number Plate Recognition System," *Annals of the University of Craiova, Mathematics and Computer Science Series*, pp. 62-71, 2011.

[7] Ruliang Zhang e Yun Zhang, "Car Number Plate Detection Using Multi-layer Weak Filter," na *Conferência Internacional sobre Inteligência Empresarial e Engenharia Financeira*, 2009.

[8] Harshita Singh, "Sistema automático de reconhecimento de matrículas", *JETIR,* março de 2015.

[9] Dr.-Ing. Markus Friedrich, "automatic number plate recognition for observance of travel behaviour", *8.ª conferência internacional sobre o método de transporte inteligente,* maio de 2008.

[10] Hel Xi e Le.Yu, Zheng.Li, "A Comparison of Methods for Character Recognition of Car Number Plates," Conf *on Computer Vision (Vision05),* (2005).

[11] Ahmed.M.J, Sarfraz.M, "Saudi Arabian licence plate recognition system", *Conferência Internacional sobre Modelação Geométrica e Gráficos* (GMAG'03).

[12] e Ercelebi. Ozbay.S, "Automatic Vehicle Identification by Plate Recognition", *Processing of world academy of science engineering and technology,* p. vol9, (2005).

[13] Zhang.Ye, Sulehria.H.K, "Vehicle Number Plate Recognition Using Mathematical Morphology and Neural Networks", ," *WSEAS TRANSACTIONS on COMPUTERS,* p. Volume 7, (2008).

[14] Liu.Ch.Y Chen.Z.X, "Automatic License-Plate Location and Recognition Based on Feature Salience ," *IEEE Transaction on vehicle technology,* pp. VOL. 58, NO. 7. , 2009.

[15] Verma Er. A Suri. Dr. P.K, "Vehicle Number Plate Detection using Sobel Edge Detection Technique," *International Journal of Computer Science and Technology,* pp. Vol. 1, Issue 2, 2010.

[16] Weizhong zhao,Yonghang Shen Xifan Shi, "Automatic license plate recognition sytem based on color image processing," *ICCSA* , 2005.

[17] W. Le e S. Li, "Um método híbrido de extração de matrículas para cenas complexas", *IEEE Int. Conf.Patt. Recogn.*, pp. pp. 324-327., 2006.

[18] H. Bai e C. Liu, "A hybrid license plate extraction method based on edge statistics and morphology," *Proc. IEEE Int. Conf. Patt. Recogn.*, pp. pp. 831-834, 2004.

[19] H. W. Lim e Y. H. Tay, "Deteção de caracteres de matrículas em cenas naturais com MSER e classificador de unigrama SIFT", *Proc. IEEE Int. Conf. Utilização e desenvolvimento sustentável em engenharia e tecnologia*, pp. 95-98, 2010.

[20] ONDREJ MARTINSKY, "ALGORITHMIC AND MATHEMATICAL PRINCIPLES OF AUTOMATIC NUMBER PLATE RECOGNITION SYSTEMS ," *BRNO 2007,* 2007.

[21] Jisheng Ren, Huachun Tan, Jianqun Wang, Hao Chen, "Um novo método para a localização de matrículas de automóveis - 4.° proc", pp. 604-609, 2007.

[22] Minwoo Kim, Insook Jung, Duk Ryong Lee, Il Seok Oh, Gisu Heo, ""Extraction of car license plate regions using line grouping and edge density methods"," *In ternational Symposium on Information Technology Convergence,* , pp. pp. 37-42. 37-42., 2007.

[23] Ergun Ercelebi, Serkan Ozbay, ""Automatic vehicle identification by plate recognition", ," *Proc. of PWASET,* , pp. vol. 9, no. 4,pp. 222-225. 222-225., 2005,.

[24] Mei Yu e Yong Deak Kim, ""An approach to Korean license plate recognition based on vertical edge matching"," *IEEE International Conference on System, Man and Cybernetics,* , vol.4, pp. 2975-2980, 2000.

[25] Xiangjian He et al, ""Segmentation of characters on car license plates"," *10th Workshop on Multimedia Signal Processing,* pp. pp. 399-402. 399-402, outubro de 2008.

[26] Changshui Zhang, Yungang Zhang, ""A New algorithm for character segmentation of license plate"," *Proc. Simpósio de Veículos Inteligentes do IEEE,* pp. pp. 106-109, 2003.

[27] Zheng Ma, Mei Xie, Feng Yang, ""A Novel approach for license plate character segmentation"," *ICIEA,* pp. pp.1-6., 2006.

[28] His-Jian Lee Shen-Zheng Wang, ", "Detection and recognition of license plate characters with different appearances," *" Proc. of 16th International Conference on Pattern Recognition, vol.3,* pp. pp. 979-983, 2003,.

[29] Muhammad Tahir Qadri e Muhammad Asif, ""Automatic Number Plate Recognition System For Vehicle Identification Using Optical Character Recognition"," *2009 International Conference on Education Technology and Computer,* 2009.

[30] Teddy S. Gunawan,Jalel Chebil,Mira Kartiwi, Abdul Mutholib, ""Desenvolvimento de um sistema portátil de reconhecimento automático de matrículas no telemóvel android"," *5th International Conference on Mechatronics (ICOM'13),* 2013).

[31] K. I., Jung, K. e Kim, J. H Kim, ""Color texture-based object detection: an application to license plate localization"," *Patten Recognition with Support Vetor Machines, Lecture Notes on Computer Science,* pp. pp. 321-335. 321-335., 2002, 2388/2002,.

[32] Sr. G. T. Sutar e Prof. Sr. A.V. Shah, ""Number Plate Recognition Using an Improved Segmentation"," *International Journal of Innovative Research in Science, Engineering and Technology (An ISO 3297: 2007 ertifiedorganization),* pp.

Vol. 3,., Issue 5, May 2014.

[33] Abo Samra e F. Khalefah, ""Localization of License Plate Number Using Dynamic Image Processing Techniques and Genetic Algorithms"," *IEEE transactions on evolutionary computation,* pp. vol. 18, no., 2, April 2014.

[34] "UMA INTRODUÇÃO À MORFOLOGIA MATEMÁTICA PARA DETECÇÃO DE BORDAS".

[35] G.T. Shrivakshan e Dr.C. Chandrasekar, "A Comparison of various Edge Detection Techniques used in Image Processing" (Comparação de várias técnicas de deteção de margens utilizadas no processamento de imagens).

[36] "Um algoritmo de filtragem mediana melhorado para o ruído de imagens".

[37] P. Jeyakumar V.Karthikeyan V. J. Vijayalakshmi, "License Plate Segmentation Based on Connected Component Analysis" (Segmentação de matrículas com base na análise de componentes ligados).

[38] ONDREJ MARTINSKY, ..: BRNO, 2007.

[39] Prathamesh Kulkarni, Ashish Khatri e Kushal Shah Prateek Banga, "Automatic Number Plate Recognition (ANPR) System for Indian conditions," em *IEEE,* 2009.

[40] Muhammad Tahir Qadri e Muhammad Asif, "AUTOMATIC NUMBER PLATE RECOGNITION SYSTEM FOR VEHICLE IDENTIFICATION USING OPTICAL CHARACTER RECOGNITION", *Conferência Internacional sobre Tecnologia Educativa e Informática,* 2009.

[41] Abdul Mutholib, Teddy Surya Gunawan e Mira kartiwi, "Conceção e implementação do reconhecimento automático de matrículas na plataforma Android", *Conferência internacional sobre engenharia informática e das comunicações (ICCCE 2012),* 2012.

[42] Dinesh Bhardwaj e Sunil Mahajan, "Review Paper on Automated Number Plate Recognition Techniques," *International Journal of Emerging Research in Management &Technology ,* 2015.

[43] Ronak P Patel, Narendra M Patel e Keyur Brahmbhatt, "Automatic Licenses Plate Recognition" (Reconhecimento automático de matrículas), *International Journal of Computer Science and Mobile Computing,* 2013.

[44] Khalil M. Ahmad Yousef, Maha Al-Tabanjah, Esraa Hudaib, e e Maymona Ikrai, "SIFT Based Automatic Number Plate Recognition", *6.ª Conferência Internacional sobre Sistemas de Informação e Comunicação (ICICS),* 2015.

[45] Ashwathy Dev, "A Novel Approach for Car License Plate Detection Based on Vertical Edges ," *Fifth International Conference on Advances in Computing and Communication,* 2015.

[46] Zyad Shaaban, "An Intelligent License Plate Recognition System ," *IJCSNS International Journal of Computer Science and Network Security,* p. VOL. 11 No.7, 2011.

[47] Li-Shien Chen, Yun-Chung Chung e Sei-Wan Shyang-Lih Chang, "Automatic license plate recognition" (Reconhecimento automático de matrículas), *"Intelligent Transportation Systems"* (*Sistemas de transporte inteligentes),* transação do IEEE, pp. 42-53, março de 2004.

[48] Sandip Kamat, Vaishali Patil, Mukesh Patil, Pradeep Patil Soojey Deshpande, "UTILIZAÇÃO DA TÉCNICA DE PROCESSAMENTO HORIZONTAL E VERTICAL DE BORDAS PARA MELHORAR A DETECÇÃO DE PLACAS NUMÉRICAS", *International Journal of Research in Engineering and Technology.*

I want morebooks!

Buy your books fast and straightforward online - at one of world's fastest growing online book stores! Environmentally sound due to Print-on-Demand technologies.

Buy your books online at
www.morebooks.shop

Compre os seus livros mais rápido e diretamente na internet, em uma das livrarias on-line com o maior crescimento no mundo! Produção que protege o meio ambiente através das tecnologias de impressão sob demanda.

Compre os seus livros on-line em
www.morebooks.shop

info@omniscriptum.com
www.omniscriptum.com

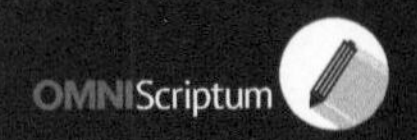

Printed by Books on Demand GmbH, Norderstedt / Germany